Plantes alimentaires
INDIGÈNES

PAR

Georges GIBAULT
Bibliothécaire de la Société Nationale
d'Horticulture de France

(Extrait du Petit Jardin illustré)

PARIS

LIBRAIRIE HORTICOLE
84 *bis*, RUE DE GRENELLE

1904

Les Plantes Alimentaires

Indigènes

Les Plantes alimentaires

INDIGÈNES

PAR

Georges GIBAULT

Bibliothécaire de la Société Nationale
d'Horticulture de France

Extrait du Petit Jardin illustré

PARIS

LIBRAIRIE HORTICOLE

84 bis, RUE DE GRENELLE

1904

Les plantes alimentaires
INDIGÈNES [1]

Nos ancêtres ont eu souvent recours aux plantes alimentaires indigènes lorsque, dans les temps de famines ou de disettes, si fréquentes autrefois, le peuple des campagnes se trouvait réduit à vivre de racines et d'herbes sauvages.

Félicitons-nous de n'avoir plus besoin aujourd'hui de ces modestes succédanés assurément inférieurs à nos plantes potagères. La grande extension de la culture de la Pomme de terre, plus encore les meilleures conditions économiques amenées par le progrès général empêchent à tout jamais le retour de pareilles calamités.

(1) Sources : Poiret, *Histoire philosophique, littéraire, économique des plantes de l'Europe*, 1829. — Willemet, *Phytographie encyclopédique (Flore économique)* 1808. — Paillieux et Bois, *Nouveaux légumes d'hiver ; Expériences d'étiolement*, 1879. — Mérat, *Notice sur les tubercules proposés pour remplacer la Pomme de terre*, s. d.

Mais si la question d'utilité n'existe plus pour nous, il n'en est pas moins intéressant de connaitre quelles sont les espèces végétales des champs et des bois qui pourraient, au besoin, servir à la nourriture de l'homme. D'ailleurs, parmi ces plantes alimentaires indigènes, dédaignées ou même inconnues, en dehors des botanistes, quelques-unes possèdent un réel mérite. Nous les signalerons particulièrement à l'attention dans le cours de cet article.

Les plantes comestibles indigènes qui figurent sur les tables modernes sont peu nombreuses. Quelques Champignons, la Mâche, le Pissenlit, la Chicorée sauvage, le Cresson de fontaine, la Raiponce, et c'est tout. Encore faut-il noter que l'on préférera toujours à ces plantes sauvages, les variétés grandement améliorées cultivées dans les jardins.

Çà et là, les campagnards consomment aussi quelques autres espèces appartenant à la flore indigène. Les pauvres populations de la Suède, de la Prusse, de la Russie et de la Sibérie emploient, faute de mieux, une foule d'herbes champêtres crues ou cuites. Dans certaines provinces françaises, on recherche les feuilles de la Patience, que l'on accommode à la façon de l'Oseille. Et les

Morvandiaux qui préfèrent en général aux Épinards les *Rouantes* ou *Rouandes*, — c'est le nom local de la Patience — n'ont peut-être pas tout-à-fait tort. En Belgique, on apprécie les jeunes pousses de Houblon, en guise d'Asperges. En Italie, et ailleurs, on vend sur les marchés, la Màcre ou Châtaigne d'eau. Dans le midi de la France, les marchés sont abondamment pourvus de petites Crucifères ou Composées annuelles ou bisannuelles indigènes pouvant servir de salades : *Cardamine hirsuta, Diplotaxis muralis, tenuifolia, Hypochœris radicata, Picridium vulgare,* etc ; toutes ces plantes récoltées à l'état de rosettes radicales. A Montpellier, le Tabouret (*Thlaspi perfoliatum* L.) est recherché et se vend pendant l'hiver, sous le nom de « salade de campagne », etc.

Comme on le voit par ces quelques exemples, les plantes comestibles indigènes offrent une ressource alimentaire qui n'est pas absolument négligeable.

I. *Tubercules, rhizomes féculents, bulbes, racines comestibles.*

Au premier rang, parmi ces plantes, nous placerons la Gesse tubéreuse (*Lathyrus tuberosus* L.), vulgairement Gland de terre, dite aussi, selon les localités, Anette, Anotte de Bourgogne, Châtaigne de terre. Cette Légumineuse indigène est répandue dans les haies, les bois, les moissons. La souche produit des renflements tubériformes charnus dont la saveur douce approche celle de la Châtaigne.

Parmentier, dans ses recherches sur les plantes alimentaires, a reconnu que les tubercules de la Gesse contenaient beaucoup de substance amylacée, du sucre et une matière glutineuse, enfin, à peu près les mêmes principes que le Froment et qu'ils pouvaient entrer dans la composition du pain. On peut les récolter à la suite des labours d'automne et les conserver jusqu'au milieu du printemps, en les entassant ou les déposant dans la cave. Les porcs les aiment avec passion, et ce sont les meilleurs ouvriers qu'on puisse employer pour extirper ces tubercules des champs où ils sont trop abondants (Poiret). Le tubercule peut atteindre la grosseur d'un œuf de poule moyen; sur la plante âgée de deux ans, ils ont le volume d'un œuf de pigeon. On en vend sur les marchés du Gâtinais, de la Sologne et du Berry comme un aliment de fantaisie. On les apprécie beaucoup en Lorraine. Dans la flore parisienne, sans être rare, la Gesse tubéreuse n'est pas très commune. Mérat dit, que la chair du tubercule est blanche, compacte, d'une odeur tirant sur celle du Navet, un peu piquante étant crue. Après une heure d'ébullition, cette chair se fendille, et son goût est alors moins bon, moins sucré ; aussi mange-t-on les tubercules le plus ordinairement crus. On peut aussi les manger cuits sous la cendre.

La Noix de terre *Bunium Bulbocastanum* L. ou Terre-Noix, Sucron, Moinson, est encore une plante alimentaire estimable. Cette Ombellifère croit dans les contrées tempérées sur les collines, dans les champs, les moissons maigres, dans les clairières des bois sablonneux ; elle produit des racines bulbeuses comestibles, de la grosseur d'une Noisette et dont la saveur approche celle de la Châtaigne. On les mange crues ou cuites, dans certaines contrées, ou sous la cendre, dans du bouillon, dépouillées de leur écorce. En les râpant, on obtient une bonne fécule. Les cochons les recherchent avec avidité. Le *Bunium Bulbocastanum* est assez rare dans les environs de Paris.

Le *Conopodium denudatum* Koch. (*Bunium denudatum* D C.) est une autre

Ombellifère très voisine, appelée aussi vulgairement Terre-noix, à souche charnue, bulbiforme globuleuse, possédant les mêmes propriétés que l'espèce précédente. Le *C. denudatum* est très rare aux environs de Paris.

L'Orobe tubéreux (*Orobus tuberosus* L.) est une Légumineuse, à fleurs rose violacé, très commune dans les bois et les lieux couverts. Les rhizomes offrent de distance à autre des renflements tubériformes à peu près de la grosseur d'une Noisette. Ces tubercules sont d'un bon goût, mais la plante produit peu. On dit que les habitants de l'Ecosse les font sécher et les conservent comme provision d'hiver.

Le Gouet (*Arum maculatum* L.) ou Pied-de-veau, est une Aroïdée extrèmement abondante dans les bois, les haies, les lieux humides de toute l'Europe du Nord. Sa racine tubériforme, assez grosse, contient un suc âcre et brûlant, mais la dessication a pour effet de diminuer considérablement cette acrimonie qui disparait complètement par la torréfaction, et surtout par des ébullitions prolongées, de sorte que la racine du Gouet peut offrir, en raison de son abondance, de grandes ressources, en cas de disette, pour l'alimentation de l'homme (Poiret). Parmen-

tier l'avait proposée pour remplacer le pain
en cas de disette. Pendant la Terreur, le naturaliste Bosc, proscrit à cause de ses ami-
tiés avec les Girondins et réfugié dans la
forêt de Montmorency, à l'Ermitage de
Sainte-Radegonde, en fit usage pour se
nourrir conjointement avec les tubercules
farineux de l'Orobe et de la Gesse tubéreuse que ses connaissances botaniques lui
permettaient de découvrir dans la forêt. (1)
À l'aide de l'ébullition, on obtient des racines du Gouet, une fécule douce, blanche,
nutritive et très abondante, avec laquelle
on peut faire du pain, de très bons potages
et même des galettes.

La Bryone (*Bryonia dioica* Jacq.),
nommée aussi Navet du diable, à cause de
sa racine d'une grosseur remarquable, et
Couleuvrée ou Vigne blanche, à cause
de ses vrilles et de ses tiges grimpantes
est une Cucurbitacée très commune dans
les haies et les buissons.

Sa racine cylindrique et charnue est, à
l'état frais, un drastique c'est-à-dire un
purgatif très puissant, mais desséchée elle
perd toute son énergie. On l'a comparée
au Manioc, dont on tire le Tapioca, pour

(1) Rey, *Le naturaliste Bosc : Un Girondin herborisant*,
p. 35. 1901.

son utilité alimentaire, puisque privée de
tout son suc purgatif par des lavages réi-
térés, on en retire la même fécule que la
Pomme de terre, beaucoup plus abondante à raison de sa grosseur. (Poiret).

Les rhizomes tubéreux des nombreuses
espèces d'Orchis indigènes peuvent fournir
également une farine mucilagineuse très
nutritive et qui ne contient aucun principe
nuisible. Le Salep qu'on envoie du Levant
est, dit-on, fabriqué avec l'Orchis mâle
(*Orchis mascula* L.). Pour 'e fabriquer, on
enlève les bulbes *avant la floraison*. On les
nettoie et on les soumet pendant quelques
minutes à l'action de l'eau bouillante, puis
on les suspend passés dans un fil comme
les grains d'un chapelet et on les expose au
soleil ou dans un four pour les dessécher.
Une fois pulvérisés, les bulbes fournissent
une gelée amylacée analogue à la fécule de
Pomme de terre. (Poiret). L'*Orchis mascula*,
qui fournit le Salep du commerce est assez
rare aux environs de Paris. Mais on y
trouve en abondance beaucoup d'autres
espèces qui possèdent les mêmes qualités
alimentaires: *Orchis maculata, latifolia,
militaris, galeata, Morio, purpurea*, etc.

La Sagittaire, ou Flèche d'eau, Sagette,
Fléchière, ainsi nommée à cause de ses

feuilles en forme de fer de flèche, est une
jolie plante aquatique très répandue aux
bords des lacs et des rivières. Les rhizomes
sont renflés au sommet en bulbe charnu de
la grosseur d'une Olive. C'est une excellente
plante alimentaire ; les Chinois en font grand
cas. Le bulbe ovale est la partie comestible, il offre une chair ferme, blanche, fari-
neuse, approchant celle de la Châtaigne
(Poiret) ; il peut se manger même cru.

Les énormes rhizomes du Nénuphar
(*Nymphea alba* L. et *Nuphar luteum* Sm.),
sont aussi féculents, mais la saveur en est
amère et astringente. Cependant on peut
les consommer sans inconvénient après
préparation convenable ; c'est-à-dire ébullition prolongée qui enlève les principes
âcres. La prétendue vertu réfrigérante du
Nénuphar n'est même pas à craindre ; c'est
encore là un de ces vieux préjugés dont la
science a fait justice. Les populations lacustres de la Suisse faisaient grand usage
des rhizomes de Nénuphar plusieurs mil-
liers d'années avant notre ère. On en a
trouvé des amas dans les ruines des cités
lacustres. De nos jours, paraît-il, les pauvres
paysans suédois font entrer cette racine
dans la composition du pain (1).

(1) Nous employons ici, et pour d'autres plantes.

Le Ményanthe *Menyanthes trifoliata* L.,
ou Trèfle d'eau, est une plante aquatique
vivace, à feuilles trifoliolées, à rhizome
épais, traçant, assez commune dans les
mares et les lieux marécageux. Linné dit
que les misérables habitants de la Laponie,
de son temps, retiraient des épais rhizomes
du Ményanthe une fécule qu'ils mélan-
geaient à la farine des céréales, pain peu
agréable mais utile en cas de disette.

Dans les contrées méridionales, on peut
consommer les racines grosses, blanches
et charnues de l'*Arundo Donax* L. ou
Canne de Provence, Roseau à Quenouille.
Ces racines ont, paraît-il, une saveur
agréable.

Parmi les Liliacées à bulbes comestibles,
nous signalerons particulièrement l'Ornithogale des Pyrénées (*Ornithogalum pyrenaicum* L. et l'Ornithogale en ombelle *O.
ombellatum* L.) ou Dame-d'onze-heures :
leurs bulbes cuits à l'eau ou sous la cendre
sont très bons à manger. Les bulbes du
Muscari *Muscari comosum* Mill. , Vaciet,
Ail-à-toupet, Jacinthe-chevelue, Ayault, sont

le mot impropre de « racine », pour nous conformer
au langage vulgaire : en réalité, ces prétendues
racines sont des rhizomes c'est-à-dire des tiges sou-
terraines gorgées de fécule.

alimentaires. Les anciens en faisaient grand cas. Encore aujourd'hui, en Grèce, ils servent d'aliments aux travailleurs des champs. Le Muscari est très commun dans les vignes, les moissons, les champs incultes.

Parmi les racines comestibles, la Bardane (*Arctium Lappa* L.) Glouteron, Herbe aux teigneux, etc., mérite, dit Poiret, de fixer l'attention par ses propriétés alimentaires. Sa racine cylindrique, rameuse, noire extérieurement, blanche à l'intérieur, égalerait presque en bonté celle de la Scorsonère si elle était cultivée. Au Japon, la Bardane est cultivée comme plante potagère.

La Bardane est une plante extrèmement commune: on la trouve sur tous les chemins, dans le voisinage des lieux habités, les décombres. Ses larges feuilles la font aisément reconnaître, ainsi que ses capitules hérissés de pointes crochues, et dont les enfants des campagnes savent tirer parti dans leurs jeux malicieux.

Pour remplacer la Scorsonère, outre le Salsifis sauvage (*Tragopogon pratense* L.), on peut encore faire usage des racines de l'Onagre (*Onothera biennis* L.), ou Herbe-aux-ânes, Jambon des jardiniers, plante américaine introduite en 1614 et naturalisée dans toute l'Europe. Elle est assez com-

mune dans les endroits sablonneux, les décombres, les lieux remués ; elle abonde sur
les remblais des chemins de fer. Ses grandes
fleurs jaunes en font une plante remarquable. En Allemagne, l'usage de la racine de
l'Onagre est habituel.

Les rhizomes charnus et traçants du
Tussilage (*Tussilago Farfara* L.) sont
aussi, dit-on, bons à manger. Cette plante,
appelée encore Pas-d'Ane, d'après la forme
de ses feuilles, est une herbe très commune
dans les endroits humides, les terrains
argileux ou calcaires, le bord des chemins.

La Raiponce (*Campanula Rapunculus*
L.) est une herbe indigène à racine pivo-
tante blanche et charnue, extrêmement commune et cultivée comme alimentaire. On
peut manger également la racine charnue
d'autres espèces très voisines : le *C. Tra-
chelium* L., ou Gantelée, Gants-de-Notre-
Dame, jolie Campanule assez commune
dans les lieux couverts, les endroits her-
beux et le *C. rapunculoides* L. ou Fausse-
Raiponce.

Parmi les plantes à tubercules comestibles qui ne se trouvent pas dans la flore
parisienne, on ne saurait trop recommander
le Souchet comestible (*Cyperus esculentus*
L.) originaire des contrées méridionales de

l'Europe, où il croit sur le bord des ruisseaux, dans les endroits humides. Ses tubercules à saveur douce, sucrée, rappellent la Châtaigne. On peut les manger cuits ou crus. C'est un aliment sain et nourrissant très estimé en Italie.

II. *Plantes herbacées que l'on peut consommer après cuisson, à la façon des Epinards, des Choux et des Asperges.*

La cuisson et un assaisonnement convenable suffisent à rendre comestibles les jeunes feuilles et les jeunes pousses d'une foule de plantes sauvages. A part celles qui sont foncièrement vénéneuses, on pourrait les consommer presque toutes puisque l'ébullition prolongée a pour effet d'enlever l'âcreté ou l'amertume excessive de certaines espèces. C'est ce que font les habitants des misérables pays du nord de l'Europe et de l'Asie. En vertu du principe « tout fait ventre », le famélique Kamtchadale fait entrer dans sa marmite à peu près toutes les herbes sauvages. Nous ne conseillons pas aux lecteurs du *Petit Jardin* de l'imiter. Toutefois, s'il leur prenait fantaisie de goûter aux succédanés de l'Epinard, voici quelques bonnes plantes dont l'usage n'offre aucun inconvénient :

L'Ortie (*Urtica urens* L. et *U. dioica* L.), tendre et sortant de terre, apprêtée comme les Épinards est agréable à manger.

Nous avons déjà signalé la Patience (*Rumex Patientia* L.). Cette Polygonée a été longtemps cultivée dans les jardins comme plante potagère. Probablement originaire de l'Orient, elle s'est naturalisée au voisinage des habitations. On peut lui substituer les autres espèces très voisines *R. obtusifolius* et *acutifolius*, vulgairement Patience sauvage, communes dans les lieux frais et ombragés, sur le bord des chemins. Nous ferons observer encore une fois que pour toutes ces plantes il est bon de se servir seulement des feuilles *jeunes*. Les vieilles feuilles de la Patience sauvage sont très amères et assez laxatives. Pour enlever cette amertume de beaucoup de plantes sauvages, on doit employer certains procédés connus des bonnes cuisinières ; celui-ci, par exemple, nous a été communiqué par un vrai « cordon bleu » : au sortir de l'eau bouillante, ne manquez pas de plonger les feuilles dans l'eau froide. L'amertume disparaît chez la plante cultivée.

L'Ansérine Bon-Henri (*Chenepodium Bonus Henricus* L.) ou Épinard sauvage a été aussi cultivé autrefois ou récolté comme plante potagère. On l'appelle encore Sarron, Serron, Toute-bonne, à cause de sas propriétés antiscorbutiques. C'est une herbe indigène, vivace, dont les feuilles un peu pulvérulentes sont triangulaires-hastées. Elle est très commune et pousse tout l'été le long des murailles et des chemins, dans les villages, au voisinage des bergeries et des basses cours.

Les feuilles de la Morelle noire (*Solanum nigrum* L.), plante qui pousse dans les lieux cultivés, sur le bord des chemins, sont comestibles lorsqu'elles ont été bouillies dans l'eau. D'une saveur fade assez agréable, elles rappellent absolument les Epinards. Le fait est curieux puisqu'elle appartient à une famille suspecte, celle des Solanées, qui contient tant d'espèces vénéneuses. Cependant aux Antilles, aux Iles de France et de Bourbon, les feuilles de Morelle sont mangées sous le nom de *Brèdes* et, parait-il, dans ces iles, on en sert dans tous les repas.

La Mercuriale ou Foirolle (*Mercurialis annua* L.) mauvaise herbe si abondante dans les jardins est une plante purgative. Cependant, dit Poiret, il paraît que sa coction dans l'eau suffit pour dissiper tous ses principes délétères puisqu'à l'exemple des Anciens qui en faisaient un fréquent usage comme aliment, on la mange encore de nos jours dans certaines contrées d'Allemagne, cuite au beurre, à la manière des Épinards.

On peut encore employer le Mouron des oiseaux (*Alsine media* L.), qu'il ne faut pas confondre avec le Mouron rouge (*Anagallis arvensis* L.) qui appartient à une autre famille et est doué de propriétés plutôt mauvaises, la Salicaire (*Lythrum Salicaria* L.) jolie plante des lieux humides, l'Arroche ou Bonne-Dame (*Atriplex hortensis* L.) anciennement cultivée dans les jardins et naturalisée au voisinage des habitations, de même l'Arroche sauvage (*A. patula* L.), herbe annuelle extrêmement commune sur le bord des chemins, dans les champs après la moisson. Les Amarantes sauvages (*Amarantus Blitum* L. et *A. retroflexus* L.) sont également bonnes; elles ont le port et l'aspect livide des Arroches. On les trouve en abondance dans les lieux cultivés, les décombres, dans les villages, le long des murs, etc. Comme saveur, le Bon-Henri, les Arroches et les Amarantes sont certainement inférieurs à l'Épinard.

On peut manger en potage, ou bouillies comme les Choux, les *jeunes* feuilles et

les sommités tendres de certaines plantes :
la Bourrache et la Buglosse, qui ont été
longtemps admises comme plantes potagères. Un compte de dépenses conservé
aux Archives nationales nous montre qu'en
1358 le roi Jean, père de Charles V, alors
prisonnier des Anglais faisait semer de la
Bourrache dans le jardin de son hôtel à
Londres. Cette plante s'employait dans les
potages aux herbes, comme notre Oseille.
La Moutarde noire et la Moutarde sauvage
si abondantes dans les champs, les moissons, etc. (*Sinapis nigra* L. et *S. arvensis*
L.), le *Cirsium oleraceum* All. ou Chardon
maraicher, commun dans les bois humides,
l'Alliaire, le Laiteron ou Laceron, le Char-
don-Marie (*Carduus Marianus* L.), toutes
les Arroches, les jeunes feuilles de la Re-
noncule Ficaire, l'herbe aux goutteux (*Ægo-
podium Podagraria* L.), les jeunes sommités de la Grande-Consoude, de la Grande-
Pulmonaire, de la Grande-Berce, plantes
des prés un peu humides, la Porcelle (*Hypochæris radicata* L.), les jeunes feuilles
de la Primevère, de la Picride Fausse Éper-
vière (*Picris hieracioides* L.). La Mauve a
été autrefois plante potagère. Les Anciens
en faisaient grand cas et mangeaient ses
feuilles et tendres sommités bouillies et

assaisonnées avec du sel, de l'huile et du vinaigre.

Lorsque les jeunes pousses de certaines plantes sortent de terre, elles ont subi un étiolat naturel qui les rend propres à être consommées comme les Asperges. En Belgique et dans le nord de l'Allemagne, on recherche pour cet objet les jeunes pousses de Houblon. On mange, en plusieurs endroits, les turions de l'Ornithogale (*Ornithogalum pyrenaicum*), sous le nom d'Aspergette; les jeunes pousses du Roseau à balais (*Phragmites communis* L., de la Canne de Provence (*Arundo Donax* L.), de l'herbe aux femmes battues ou Sceau Notre-Dame (*Tamus communis* L.), de la Bryone, de l'Ajonc (*Ulex europæus* L.), du Fragon épineux ou Petit-Houx (*Ruscus aculeatus* L., du Sceau de Salomon (*Convallaria polygonatum* L.), de l'Epilobe en épi ou Laurier de Saint-Antoine (*Epilobium spicatum* Lmk.), de la Fougère, du Chèvrefeuille, de l'Orobanche (*Orobanche Rapum* Thuill., plante parasite sur les racines de certaines plantes, les jeunes pousses du Salsifis des prés.

Peuvent être employées comme des Cardes, les jeunes pousses et jeunes côtes blanchies des feuilles de Bardane, qui est une plante alimentaire de réelle valeur. Le Chardon maraîcher (*Cirsium oleraceum* DC), d'après MM. Pailleux et Bois qui l'ont expérimenté, se prête aussi à toutes les opérations usitées pour les Cardes.

III. *Plantes herbacées indigènes à utiliser pour salades.*

La liste que nous donnons ci-après sera forcément incomplète, car les plantes qui peuvent être mangées en salades, avec un assaisonnement approprié, sont très nombreuses.

Les Mâches, dont on distingue plusieurs espèces, se rencontrent surtout dans les lieux cultivés, vignes et champs en friches. Le Cresson de fontaine, la Raiponce, le Pissenlit se trouvent partout. Mais sont moins connus : le Cresson des prés ou Passerage sauvage (*Cardamine pratensis* L.) qui a été cultivé autrefois : ses jeunes feuilles ont la saveur piquante du Cresson de fontaine. Le Plantain Corne de Cerf (*Plantago Coronopus* L.) a été cultivé aussi autrefois, de même la Trique-Madame (*Sedum album* L.) abondante dans les lieux sablonneux. Les tiges épaisses et charnues de la Véronique Beccabonga ou Cresson de cheval, se mangent crues ou cuites : de même le Mouron d'eau (*Samolus Valerandi* L.), la Berle (*Sium latifolium* L.), l'Alléluia ou Pain-de-Coucou (*Oxalis Acetosella* L.), le Miroir de Vénus (*Campanula Speculum* L.), jolie Campanule aux fleurs bleues, abondante dans les moissons. Le Vélar ou Barbarée précoce (*Erysimum praecox* Sm.) est usité en Angleterre, de même les jeunes feuilles de la Primevère printanière. Le Velar a été cultivé autrefois; sa saveur rappelle le Cresson de fontaine. En Alsace, les feuilles de la Moutarde blanche coupées fin comme des nouilles sont utilisées pour salade ; on emploie beaucoup aussi la Moutarde blanche aux Etats-Unis. Dans le Midi, on vend sur les marchés, en mélange avec d'autres herbes : *Thlaspi perfoliatum* L., *Hypochæris radicata* L., *Draba verna* L., *Cardamine hirsuta* L., *Epilobium tetragonum* L., etc. ; toutes ces plantes doivent être consommées, autant que possible, à l'état de rosettes radicales.

La Roquette (*Eruca sativa* Lmk.) jouissait autrefois d'une grande faveur, à cause de ses propriétés excitantes. Dans le midi de la France on la cultive encore et l'on mange ses jeunes feuilles en salade; elles remplacent le Cresson, dont elles ont la saveur piquante,

Ajoutons encore à cette liste : les jeunes feuilles de la Pâquerette, de la Millefeuille, de la Lampsane, de l'Orme ainsi que les fruits ou samares de cet arbre ; les jeunes pousses et bourgeons du Sureau, quoique un peu purgatifs. Enfin, la Picridie ou Herbe à gigot (*Picridium vulgare* L.), véritable herbe potagère cultivée en Italie et dans le midi de la France sous le nom de *Terra crepola*. La saveur des jeunes feuilles, disent quelques auteurs, rappelle le gigot de mouton ?

La Pimprenelle, la Roquette, les Menthes sauvages (*Mentha sativa, sylvestris, rotundifolia, Pulegium*, etc.), peuvent être utilisées pour les assaisonnements.

Citons encore, pour mémoire, les jeunes pousses de la Massette (*Typha latifolia* L.), de l'Arrête-Bœuf, de la Salicorne et du Perce-pierre des contrées maritimes, que l'on peut confire au sel et au vinaigre. Les boutons à fleurs du Populage ou Souci d'eau, du Genêt à balais peuvent remplacer les Câpres, avec cette même préparation.

Il est évident que l'étiolement artificiel serait très utile pour rendre comestibles les espèces qui ont trop d'âcreté, d'amertume, ou une saveur aromatique trop forte. En 1879, MM. Pailleux et Bois ont donné au public le résultat des étiolats qu'ils ont pratiqués en chambre obscure sur 100 plantes spontanées ou cultivées (1). Avec ce procédé, la Bardane, la Millefeuille, le Chardon maraîcher leur ont donné des salades bonnes ou assez bonnes. Ils conseillaient aux amateurs de continuer ces essais de création de nouveaux légumes sur un grand nombre de plantes indigènes et signalaient comme pouvant donner de bons résultats : *Crepis biennis* L., *Barbarea praecox* R. Br. *Hieracium murorum* L., *Leontodon hispidus* L., *Leucanthemum vulgare* Lmk., *Primula officinalis* Jacq., etc.

Nous terminerons cette longue énumération en signalant encore deux plantes qui ne rentrent pas dans les catégories précédentes : la Fétuque flottante et la Châtaigne d'eau.

La Fétuque flottante, Manne de Prusse (*Glyceria fluitans* R. Br.) est une Graminée aquatique des mares et fossés bourbeux, dont les grains mondés sont alimentaires. La farine qu'on en retire est bonne surtout pour les bouillies. Quelques personnes préfèrent cette Graminée au Millet.

(1) Ce mot « étiolat » manquait à la langue horticole. Il a été heureusement introduit par MM. Pailleux et Bois.

La Châtaigne d'eau, Macre, Cornuelle (*Trapa natans* L.) étale ses feuilles triangulaires sur les eaux des étangs et marécages. Le fruit épineux est alimentaire. Son goût rappelle celui de la Noisette et de la Châtaigne ; on le mange cuit ou cru. La Châtaigne d'eau est un fruit d'une réelle valeur : elle n'existe pas dans la flore parisienne où elle est seulement naturalisée çà et là et par conséquent très rare. La Châtaigne d'eau abonde dans les étangs du centre de la France.

Georges GIBAULT.

L'ART DU FLEURISTE

Par Albert MAUMENÉ

TRAITÉ GÉNÉRAL DE LA COMPOSITION
& DE L'EXÉCUTION DES ARRANGEMENTS DE FLEURS
& DE PLANTES : GERBES, BOUQUETS, CORBEILLES
COURONNES, DÉCORATION DE TABLE, ORNE-
MENTATION DES APPARTEMENTS, ETC.

3ᵉ ÉDITION

entièrement transformée et magnifiquement illustrée

PUBLIÉE EN 3 VOLUMES SE VENDANT SÉPARÉMENT

1ᵉʳ Volume : **L'ESTHÉTIQUE**
2ᵉ Volume : **LA PRATIQUE**
3ᵉ Volume : **LE COMMERCE**

LE MANUEL DU FLEURISTE

Edition élémentaire de l'ART DU FLEURISTE